《电力电缆故障测寻技术操作手册》编委会　编著

电力电缆故障测寻技术操作手册

U0156835

天津大学出版社
TIANJIN UNIVERSITY PRESS

DIANLI DIANLAN GUZHANG CEXUN JISHU CAOZUO SHOUCE

图书在版编目(CIP)数据

电力电缆故障测寻技术操作手册.1/《电力电缆故障测寻技术操作手册》编委会编著. —天津:天津大学出版社,2020.12
ISBN 978-7-5618-6815-7

Ⅰ.①电… Ⅱ.①电… Ⅲ.①电力电缆－故障检测－技术手册 Ⅳ.①TM757

中国版本图书馆 CIP 数据核字(2020)第 211281 号

出版发行	天津大学出版社			
地　　址	天津市卫津路 92 号天津大学内(邮编:300072)			
电　　话	发行部:022-27403647	**网　　址**	www.tjupress.com.cn	
印　　刷	廊坊市海涛印刷有限公司	**经　　销**	全国各地新华书店	
开　　本	125 * 180	**印　　张** 6.875	**字　　数**	270 千
版　　次	2020 年 12 月第 1 版		**印　　次**	2020 年 12 月第 1 次
定　　价	69.00 元			

编　委　会

前　　言

为提升电缆故障测寻技术水平,帮助电缆运检人员解决故障查找操作中的技术问题,提出指导性建议,国网天津市电力公司设备部组织相关技术、技能、培训教学专家参加了《电力电缆故障测寻技术操作手册》的编写工作。

本手册旨在构建电力电缆故障测寻理论教学、实操指导及经验总结为一体的知识体系,注重针对性与实用性,主要包括理论篇、实操篇和案例篇三个部分。分别包含基础原理、常见测试设备的操作流程以及典型现场实测故障案例,便于电缆运检人员快速理解与掌握相关难点要点,并通过案例积累和借鉴测试经验。同时,制作为口袋书形式,便于现场工作人员携带使用。

在此,对参与编写的单位及人员致以诚挚的谢意,对国网天津市电力公司电缆技能专家工作室陈其三、张淑琴、朱立军在教材编写及审核过程中提出了宝贵的意见致以感谢。

本手册在编写过程中不免存在不当之处,敬请业界同人指正。

目　　录

实操篇

案例篇

目　录

第①章 电力电缆的基础知识

1.1 电力电缆的基本结构

电力电缆的基本结构主要由导体、绝缘层、护层三部分组成,6kV 及以上电缆在导体和绝缘层外表面分别增加了屏蔽层。

1.1.1 导体

1.导体的材料及性能

导体的作用是传输电流,电缆导体(线芯)常用高电导系数的金属铜(Cu)或金属铝(Al)制造。金属铜的优点是电导率大,机械强度高,易于进行压延、拉丝和焊接等加工。金属铝的优点是储量丰富,价格较低,应用广泛。铜和铝的主要性能见表 1-1。

表 1-1 铜和铝的主要性能

名　　称		铜	铝
熔点/℃		1084.5	658
密度(20℃)/(g/cm³)		8.9	2.7
电阻率(20℃)/(10^{-8}Ω·m)	软态	1.748	2.83
	硬态	1.79	2.9
电阻温度系数(20℃)/(10^{-3}Ω/℃)	软态	3.95	4.1
	硬态	3.85	4.03
抗拉强度/(kgf/mm²)	软态	20~24	7~9.5
	硬态	35~45	15~18
伸长率/%	软态	30~50	20~40
	硬态	>0.5	>0.5
硬度/(kgf/mm²)	软态	40~45	
	硬态	80~120	35~45

注:1kgf/mm² =9.8MPa.

2. 导体的结构

为使电缆满足柔软性、可曲性相关要求,一般将多根导线绞合形成电缆导体。当导体沿某一半径弯曲时,导体中心线圆外部分被拉伸,中心线圆内部分被压缩,绞合导体中心线内外两部分可以相互滑动,使导体不发生塑性变形,以利于电缆的生产、运输和安装。

绞合导体外形有圆形、扇形、腰圆形和中空圆形等。

圆形绞合导体结构几何形状固定,稳定性好,表面电场比较均匀的特点,适用于 20kV 及以上油纸电缆和 6kV 及以上交联聚乙烯电缆。

扇形或腰圆形导体结构可有效减小电缆直径,降低材料消耗,适用于 10kV 及以下多芯油纸电缆和 1kV 及以下多芯塑料电缆。

中空圆形导体结构适用于自容式充油电缆,其圆形导体中央以硬铜带螺旋管支撑形成中心油道,或者以型线(Z 形线和弓形线)组成中空圆形导体。

3. 导体的规格

由于电缆的用途不同,输送容量不同,线芯有大小不同、形状不同和数量不同等区别。

(1)导电线芯的大小是按横断面(即截面)面积来衡量的,以 mm² 为单位。各国标准不同,我国目前规定电力电缆截面有 2.5mm²、4mm²、6mm²、10mm²、16mm²、25mm²、35mm²、50mm²、70mm²、95mm²、120mm²、150mm²、185mm²、240mm²、300mm²、400mm²、500mm²、

625mm²、800mm²、1000mm²、1200mm²、1600mm²、2000mm²和2500mm²等规格。

(2)导电线芯数有单芯、两芯、三芯、四芯、五芯等。

(3)导线绞合方式。由多根单线组成导电线芯时需进行绞合。正规绞合结构是在中心层(1根或2、3、4、5根单线)上依次绞合第1层、第2层……每层比前一层多6根单线,外层绞向与内层绞向相反,特点是外形较圆整、结构简单、稳定性好、应用广泛。其各层单线根数和绞合完该层后单线的总根数,可按下式计算:

$$n_m = 6m$$
$$N = 1 + 6 + 12 + \cdots + 6m$$

式中:m 为绞合层数(中心不作为层数),n_m 为第 m 层的单线根数,N 为包括 m 层在内的单线总根数。

1.1.2 绝缘层

绝缘层的作用主要是使多芯导体间及导体与护套间相互隔离,并满足相关电气耐压强度要求,还应满足一定的耐热性要求并保持稳定性。

绝缘层的材料主要有油浸电缆纸、塑料和橡胶。绝缘层厚度随工作电压的变化而变化,工作电压越高,绝缘层越厚,但并不成比例。

1.1.3　屏蔽层

6kV 及以上电缆一般都有导体屏蔽层和绝缘屏蔽层,也称为内屏蔽层和外屏蔽层。屏蔽层的作用是将电场控制在绝缘层内部,同时能够使绝缘界面处表面光滑。

内屏蔽层处于导体和绝缘层之间,它与被屏蔽的导体等电位,并与绝缘层良好接触,从而避免在导体与绝缘层之间发生局部放电。

外屏蔽层处于绝缘层和金属护套或金属屏蔽之间,它与金属护套或金属屏蔽等电位,并与被屏蔽的绝缘层有良好接触,从而避免绝缘层与护套之间发生局部放电。对于无金属护套的挤包绝缘电缆,除半导电屏蔽层外,还要增加用铜带或铜丝绕包的金属屏蔽层,用作短路电流通道以及屏蔽电场。

1.1.4　护层

电缆护层是覆盖在电缆绝缘层外面的保护层。护层的主要作用是密封保护电缆,以避免受外界杂质、水分的腐蚀和侵入,并防止外力直接损坏电缆绝缘层。电缆护层分为内护层和外护层。

1. 内护层

内护层包裹在电缆绝缘上,作用为防止绝缘层受潮、机械损伤以及光和化学侵蚀性媒质的侵蚀等。

内护层主要分为金属护套和非金属护套。金属护套有铅护套、平铝护套、皱纹铝护套、铜护套,多用于油浸纸绝缘电缆和110kV及以上交联聚乙烯绝缘电力电缆,可作为短路电流通道。非金属护套有塑料护套、橡胶护套等,多用于35kV及以下电力电缆。塑料护套可用于各种塑料绝缘电缆,橡胶护套一般多用于橡胶绝缘电缆。

2. 外护层

外护层是包覆在电缆护套(内护层)外面的保护性覆盖层,能够增加机械强度并阻挡外部腐蚀。外护层一般由内衬层、铠装层和外被层组成。

内衬层:在内护套和铠装层之间,作用是防止内护套受腐蚀和防止电缆在弯曲时被铠装层损坏,主要由麻布或塑料带等软性织物组成。

铠装层:在内衬层和外被层之间,作用是防止机械外力损坏内护套,主要材料为钢带或钢丝,钢带主要用于抗压场合,钢丝主要用于抗拉场合。

外被层或外护套:在铠装层外,是电缆的最外层,作用是防止铠装层受外界环境腐蚀,主要材料有聚氯乙烯和聚乙烯等,聚氯乙烯主要侧重防火场合要求,聚乙烯主要侧重防水场合要求。

1.2　电力电缆的种类和特点

1.2.1　按电缆的绝缘材料分类

电力电缆按绝缘材料的不同,可分为油纸绝缘电缆、挤包绝缘电缆和压力电缆三大类。

1. 油纸绝缘电缆

油纸绝缘电缆是绕包绝缘纸带后浸渍绝缘剂(电缆油)作为绝缘的电缆。

根据浸渍剂不同,油纸绝缘电缆可分为黏性浸渍纸绝缘电缆和不滴流浸渍纸绝缘电缆。二者结构相同,只是制造过程中的浸渍工艺有所不同。不滴流浸渍纸绝缘电缆的浸渍剂黏度大,在工作温度下不滴流,适用于落差较大的环境(如矿山、竖井等)使用。

按绝缘结构不同,油纸绝缘电缆又分为统包绝缘电缆和分相铅包电缆。

1)统包绝缘电缆

统包绝缘电缆又称带绝缘电缆,其制作过程是在每相导体上先分别绕包部分带绝缘,然后加填料经绞合成缆,再适当绕包带绝缘,以补充其各相导体的对地绝缘强度,最后挤包金属护套。

统包绝缘电缆具有结构紧凑,节约原材料,价格较低等优点。但其内部电场分布很不均匀,电力线不是径向分布,具有沿着纸面的切向分量。所以,这类电缆又称为非径向型电缆。这类电缆只能用于10kV及以下电压等级,原因是油纸的切向绝缘强度只有径向绝缘强度的1/10~1/2,易产生移滑放电,降低绝缘强度。

2)分相铅包电缆

分相铅包电缆是在每相绝缘芯制好后,包覆屏蔽层,然后挤包铅套,最后再成缆。分相铅包电缆各相间电场互不相关,从而消除了切向分量,电力线沿着绝缘芯径向分布,所以这类电缆又称为径向型电缆。径向型电缆绝缘击穿强度较高,多用于35kV电压等级。

2. 挤包绝缘电缆

挤包绝缘电缆又称固体挤压聚合电缆,它是以热塑性或热固性材料挤包形成绝缘的电缆。

目前,挤包绝缘电缆有聚氯乙烯(PVC)电缆、聚乙烯(PE)电缆、交联聚乙烯(XLPE)电缆和乙丙橡胶(EPR)电缆等。乙丙橡胶电缆常用于1~35kV;聚氯乙烯电缆用于1~6kV;交联聚乙烯电缆用于1~500kV。

交联聚乙烯电缆是20世纪60年代以后技术发展最快的电缆品种,它具有制造周期较短、效率较高、安装工艺较为简便的特点,工作温度可达到90℃等优点。

3. 压力电缆

压力电缆是在电缆中充以能流动并具有一定压力的绝缘油或气体的电缆。压力电缆按结构不同,可分为自容式充油电缆、充气电缆、钢管充油电缆和钢管充气电缆等。油纸绝缘电缆的纸层间,在制造和运行过程中,不可避免地会产生气隙。气隙在电场强度较高时,会出现游离放电,最终导致绝缘层击穿。压力电缆的绝缘层处在一定压力下(油压或气压),抑制了绝缘层中气隙的形成,使电缆绝缘工作场强明显提高,可用于 63kV 及以上电压等级的电缆线路。

1.2.2 按电缆的芯线数量分类

电力电缆按芯线数量不同,可分为单芯电缆和多芯电缆。

1. 单芯电缆

单芯电缆是由单独一相导体构成的电缆。大截面、高电压等级电缆一般多采用此种结构。

2. 多芯电缆

多芯电缆是由多相导体构成的电缆。小截面、中低电压等级电缆一般多采用此种结构。多芯电缆分两芯、三芯、四芯、五芯等。

1.2.3 按特殊需求分类

电力电缆按特殊需求不同,可分为输送大容量电能的电缆、防火电缆和光纤复合电力电缆等。

1.输送大容量电能的电缆

(1)管道充气电缆

管道充气电缆(GIC)是以压缩的六氟化硫气体为绝缘的电缆,也称六氟化硫电缆,相当于以六氟化硫气体为绝缘的封闭母线,适用于电压等级在 400kV 及以上、传输容量在 100 万 kV·A 以上的大容量电站以及高落差和防火要求较高的场所。管道充气电缆由于安装技术要求较高,成本较高,对六氟化硫气体的纯度要求很严,仅适用于电厂或变电所内短距离的电气联络线路。

(2)低温有阻电缆

低温有阻电缆是采用高纯度的铜或铝作导体材料,使其处于液氮温度(77K)或者液氢温度(20.4K)下工作的电缆。在极低温度下,由导体材料热振动决定的特性温度(德拜温度)之下时,导体材料的电阻随绝对温度的 5 次方急剧变化。利用导体材料的这一性能,将电缆深度冷却,以满足传输大容量电力的需要。

(3)超导电缆

特定金属及其合金在超低温下会出现失阻现象,以此为导体的电缆称为超导电缆。在超导状态下,导体的直流电阻为零,可以极大地提高电缆的传输容量。

2. 防火电缆

防火电缆是具有防火性能的电缆的总称,它包括阻燃电缆和耐火电缆两类。

阻燃电缆是能够阻滞、延缓火焰沿着其外表蔓延,使火灾不扩大的电缆。在电缆比较密集的隧道、竖井或电缆夹层中,为防止电缆着火酿成严重事故,35kV 及以下电缆应选用阻燃电缆。有条件时,应选用低烟无卤或低烟低卤护套的阻燃电缆。

耐火电缆是当受到外部火焰以一定高温和时间作用期间,在施加额定电压状态下具有维持通电运行功能的电缆,用于防火要求特别高的场所。

3. 光纤复合电力电缆

将光纤与电力电缆的结构层相结合,使电力电缆同时具有电力传输和光纤通信功能的电缆,称为光纤复合电力电缆。光纤复合电力电缆集电力传输和光纤通信两方面功能于一体,能够有效降低工程投资和运行维护费用。

1.3 电力电缆的命名方法

电力电缆的型号以字母和数字为代号组合表示,具体由产品系列代号、导体代号、绝缘层代号、外护层代号、特征代号、护套代号构成,电缆型号的组合结构如图 1-1 所示。

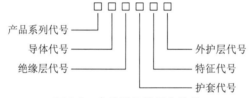

图 1-1 电缆型号的组合结构

电缆型号中的产品系列、导体、绝缘层、护套和特征代号均以字母表示,外护层代号以数字表示。各种代号的含义如下。

1. 产品系列代号

电缆型号的第一个字母是产品系列代号,其含义如表 1-2 所示。

表 1-2　产品系列代号含义

产品系列名称	代号	拼音	产品系列名称	代号	拼音
纸绝缘电缆	Z	Zhi	橡胶电缆	X	Xiang
自容式充油电缆	CY	ChongYou	丁基橡胶电缆	XD	X Ding
聚乙烯电缆	Y		阻燃电缆	ZR	ZuRan
交联聚乙烯电缆	YJ	YJiao	耐火电缆	NH	NaiHuo
聚氯乙烯电缆	V		引导电缆	D	Dao
控制电缆	K	Kong	光缆	G	Guang

2. 导体代号

铝导体代号为 L。铜导体代号为 T,可省略。

3. 绝缘层代号

绝缘层代号与产品类别代号相同时,可以省略,例如黏性纸绝缘电缆,绝缘层代号"Z"可省略,但自容式充油纸绝缘电缆的绝缘层代号"Z"不可省略。

4. 护套代号

护套代号的含义如表 1-3 所示。

表 1-3　护套代号含义

护套名称	代　号	护套名称	代　号
铅护套	Q	聚氯乙烯护套	V
铝护套	L	聚乙烯护套	Y
皱纹铝护套	LW	橡套	H
铝带聚乙烯组合护套	A	非燃性橡套	HF

5. 特征代号

特征代号表示电缆产品的某一结构特征。例如,分相铅包以 F(fen)表示,不滴流以 D(di)表示等。

6. 外护层代号

外护层代号编制原则如下:

(1)内衬层结构基本相同,在型号中不予表示;

(2)一般外护层按铠装层和外被层结构顺序,以两个阿拉伯数字表示,每一个数字表示所采用的主要材料;

(3)充油电缆外护层按加强层、铠装层和外被层结构顺序,通常以三个阿拉伯数字表示,每一个数字表示所采用的主要材料。

外护层代号的含义如表 1-4 所示。

表 1-4　外护层代号含义

代号	加强层	铠装层	外被层或外护套
0	—	无	—
1	径向铜带	联锁钢带	纤维外被
2	径向不锈钢带	双钢带	聚氯乙烯外套
3	径向、纵向铜带	细圆钢丝	聚乙烯外套
4	径向、纵向不锈钢带	粗圆钢丝	
5		皱纹钢带	
6		双铝带或铝合金带	

第②章 电力电缆故障测寻基础

2.1.1 电缆故障的原因

随着社会的不断进步,经济建设的不断发展,电力电缆的应用越来越广泛,线路规模也随之扩大。电力电缆的优势在于不占用地上空间,供电可靠性高,能营造良好的城市环境,但是一旦发生故障,就会影响整个电网的运行,给电力工人带来麻烦。通过分析电缆发生故障的原因,从源头有效地做出预防措施,对减少电缆故障的发生具有重要意义。通过对各种电缆故障的分析与总结,可归纳出导致电缆故障的原因主要有以下几种。

(1)电缆附件安装工艺不良。电缆附件制作工艺不良主要指电缆终端和接头安装工艺未达到技术标准,造成附件安装的质量缺陷;在电缆附件安装过程中,未能按照规范的操作步骤或未达到安装工艺要求,主要表现为导体连接、绝缘恢复、密封处理以及机械强度不达标四个方面。

(2)材料质量缺陷。电力电缆所采用的材料质量会对电缆的正常运行产生直接的影响,其材料质量缺陷主要分为 3 个方面:一是电缆本体材料产生的缺陷,如纸绝缘上的损坏裂纹、破口等,或者绝缘层内有气泡、杂质等,此外近些年由于高压电缆缓冲层烧蚀导致的故障多有发生,目前研究表明其主要与缓冲层阻水带电阻率超标有关;二是附件材质缺陷,主要是指电缆附件产品本身存在质量问题;三是绝缘材料管理维护不善造成的缺陷。

(3)机械损伤。大多数的电力电缆故障来自机械损伤,常见的机械损伤主要有以下 4 种:一是直接外力带来的损伤,例如当今城市建设相当频繁,在建设的过程中,挖土等各项操作都可能会导致电缆受到外力损伤;二是在敷设的过程中受到的损伤,例如电缆在敷设过程中过度弯曲导致绝缘保护层受到损坏,过大的拉力也会导致中间接头被拉断等;三是各种自然原因导致的损伤,例如土地沉陷、滑坡等所产生的过大拉力都可能会导致中间接头或者是电缆本体出现断裂,温度过低也会导致电缆或附件冻裂等;四是附件安装过程造成的损伤,例如安装过程中对电缆拉力过大造成的损伤。

(4)过热。引起电缆过热的原因有很多,如电缆长期在电和热的作用下运行,引起绝缘层老化变质,从而出现故障。电缆安装在比较密集的区域或者隧道等通风不良处,都将导致电缆过热,从而使电缆的整体绝缘强度下降,进而出现故障;电压不稳定也容易导致电缆局部过热,使绝缘层碳化而导致故障;油纸电缆会因过热而引起绝缘干枯,甚至一碰就碎;高温天气会导致电缆热量不能及时散失,从而增加电缆的安全隐患。

(5)绝缘受潮。绝缘受潮这种情况通常都发生在电缆的接头处,导致这种情况出现的原因主要为制作工艺不良,例如中间接头与终端接头的密闭性不足导致水分的侵入,从而会让电缆的绝缘强度明显下降,进而出现电缆故障。

(6)绝缘老化变质。电力电缆的使用寿命是有限的,当绝缘材料使用一定年限后,会导致绝缘材料老化变质,从而引发故障。电缆老化的原因是处于通电状态下的电缆内部气体出现游离,电缆内部的介质气体经过电解会产生臭氧,长时间工作会腐蚀电缆,导致电缆绝缘老化变质。如将多根电缆敷设在同一条电缆沟内,导致长时间工作产生大量的热量且不能及时散失,从而导致电缆老化变质。特别是在高湿高温的夏季,电缆很容易因为超负荷运行、温度过高而击穿电缆接头。

(7)酸碱腐蚀。电缆长期处在酸碱作业的区域,电缆金属护套和铠装层会被酸碱物质腐蚀,从而导致电缆故障。

2.1.2 电缆故障的分类

电缆故障的发生常常是因为导体或绝缘层出现损坏,使得绝缘失效而影响电缆正常工作,具体可通过绝缘、导体的测试分析对故障性质进行判断。基于不同的故障类型,往往选择不同的故障初测方法和定点方法。

1. 接地故障

电缆一芯主绝缘对地击穿的故障,又分为高阻和低阻接地故障。所谓的电缆高阻、低阻故障的区分,不能简单用某个具体的电阻数值来界定,而是由所使用的电缆故障查找设备的灵敏度确定的。一般基于下列标准对高阻、低阻故障类型进行区分:低压脉冲法是否能够清晰地检测到故障点的反射波。若能够清晰识别,则属于低阻故障;若无法清晰识别则可界定为高阻故障。该分类标准所对应的电阻临界点往往为几百欧姆,具体和低压脉冲法的测试仪器的灵敏度有关。

高阻接地故障是最为常见的电缆故障,一般通过脉冲电流法、二次脉冲法、高压电桥等方法对故障点进行初测,定点一般采用声测法或声磁同步法。

低阻接地故障的初测方法一般选择低压脉冲法或低压脉冲比较法,定点一般采用声测法或声磁同步法等方法进行测量,若确认无放电声音时则可通过音频信号感应法进行测定。

2. 短路故障

电缆两芯或三芯短路,初测和定点方法类似于接地故障。

3. 断线故障

电缆一芯或数芯被故障电流烧断或受机械外力拉断,造成导体完全断开。在实际工作中,很少发生单一的断线故障,通常伴随不同程度的接地情形。低压脉冲法是比较常用的断线故障初测方法;而脉冲电压法、脉冲电流法等方法则能够满足断线并接地情形故障点初测需求;对于部分相对较大的接地电阻问题,则可借助二次脉冲法对故障位置进行初测。定点一般采用声测法或声磁同步法等方法进行测量。

4. 闪络性故障

这类故障一般发生于电缆耐压试验击穿中,并多出现在电缆中间接头或终端头内。试验时绝缘被击穿,形成间隙性放电通道。当试验电压达到某一定值时,发生击穿放电;而当击穿后放电电压降至某一值时,绝缘又恢复而不发生击穿,这种故障称为开放性闪络故障。有时在特殊条件下,绝缘击穿后又恢复正常,即使提高试验电压,也不再击穿,这种故障称为封闭性闪络故障。以上两种现象均属于闪络性故障。闪络性故障一般通过二次脉冲法、脉冲电流法对故障点进行初测。该故障的定点方法类似于高阻接地故障,且此类故障一般不会形成显著的放电声音,因此在精确定点方面存在较大的难度。

5. 混合性故障

同时具有上述接地、短路、断线中两种以上性质的故障称为混合故障。初测和定点方法根据具体故障类型的不同选用不同的方法。

6. 单芯高压电缆护层故障

此类故障主要表现为电缆金属护层同地面之间存在绝缘不足的情形,此时脉冲法无法保证测量结果的可靠性。因此一般通过电桥法和跨步电压法对此类故障的故障位置进行初测和定点。

2.2　电缆故障测寻步骤

当电缆发生故障时,通常需要根据实际情况选择科学合理的方法和工具对故障点的位置进行测定,并且需要遵循严格的工作流程。由上文论述可知,电缆故障测寻的一般流程具体包含测试准备、性质诊断、故障初测、精确定点等四个阶段,各阶段的具体内容如下。

2.2.1　测试准备

(1)办理工作任务单或工作票。明确所从事的工作任务、工作内容,有关线路的名称、位置及周边线路运行状况等;预测好充足的故障抢修时间,不能影响其他线路的正常运行。

(2)准备有关故障线路的资料。其中包括运行历史、时间、故障前的运行状况、电缆线路长度、截面面积、规格型号、接头位置、电缆走向图等。

(3)组织故障抢修人员及设备。准备必需的仪器、仪表及工器具。出发前,仔细检查所使用的仪器、仪表,确保其完好无损,符合测试要求。

(4)进入故障电缆现场后,必须严格遵守《电力安全工作规程》规定的操作步骤,保证测试人员与探测设备的安全;现场工作人员职责清晰,分工明确,服从统一指挥。

(5)正确核对故障线路的名称,确认与工作任务所列内容相符;仔细核对工作单上的安全措施,确认与现场实际情况相符。

(6)确认测试时使用的高压设备在现场操作中放置是否恰当,对地安全距离是否足够,是否影响操作人员的操作。在电缆故障线路的另一端,同样要按以上步骤操作,而且探测故障时要做好另一端的安全监护措施。

(7)测量前要尽量将故障线路两端的电气设备与电缆隔离,以保证安全。

以上步骤正确无误后,方可进一步对故障线路进行验电、放电、接地工作。

2.2.2　性质诊断

电缆故障性质诊断用于明确电缆故障的具体类型,为后续定位方法的选择和使用提供准确的依据。在对故障性质进行诊断时,主要通过判断导体和绝缘电阻的特征进行分类,在明确故障性质的基础上,确定与之匹配的初测和精确定点方法。具体测试内容包含导通试验和绝缘电阻测试。

1. 导通试验

导通试验是为了判断电缆导体是否出现断线,接线如图 2-1 所示,在电缆对端将各线芯短接,用万用表的电阻档测量线芯或金属护层(钢铠)的连续性,检查电缆是否存在中间开路现象。

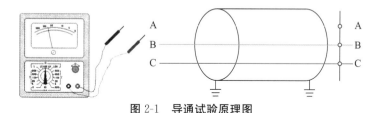

图 2-1　导通试验原理图

2. 绝缘电阻测试

绝缘电阻测试是为了测量电缆绝缘电阻的大小,从而判断电缆是否出现接地故障。首先断开设备与电缆终端的连接,擦拭干净套管等元件,以降低或避免外界环境可能造成的影响,然后用 2500V 兆欧表测量电缆线芯对地绝缘电阻,接线如图 2-2 所示。若电阻值极小甚至接近零,则需通过万用表进行精确测量。

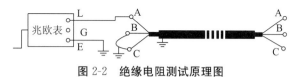

图 2-2　绝缘电阻测试原理图

2.2.3 故障初测

在明确电缆故障性质之后,就可有针对性地选择与之相适应的方法开展故障初测工作。该工作主要对故障点与测试端之间的电气距离进行测定,主要分为电桥法和脉冲法两种,各方法又包含多种不同的具体方法,便于根据实际情况进行选择。

故障初测是电缆故障测寻工作的关键环节之一,初测结果的科学性与准确性将直接影响故障测量过程的效率。因此,必须充分保证故障初测的准确性。对待测电缆故障的性质进行判断之后,就能够有针对性地选择合理的方法进行故障测距,如断线故障、低阻故障一般选用低压脉冲法;高阻故障、闪络性故障则一般选用脉冲电流法、二次脉冲法、高压电桥法等测量方法。

2.2.4 精确定点

电缆故障位置初测工作可确定故障点的大概位置,为精确定点奠定良好基础。常见的精确定点方法有声测法、音频感应法、声磁同步法、跨步电压法等,不同方法适用于不同的故障情形。如高阻故障、部分低阻故障可使用声测法、声磁同步法等。由于声测法环境噪声干扰比较大,因此通常选择声磁同步法。对于部分无放电声音的故障多采取音频感应法,对于护层故障一般选用跨步电压法。

在现实中,对故障线路进行故障测寻有一套特定的流程,如图 2-3 所示。

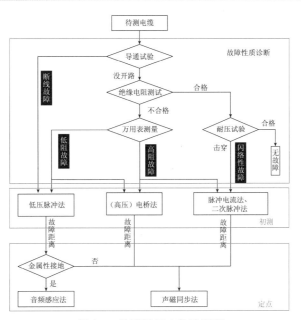

图 2-3　故障测寻完整流程图

第③章　电缆线路的路径探测和鉴别

电缆线路的路径探测和鉴别在电缆故障测寻与检修工作中具有重要的意义。在对电缆进行故障初测之后,要根据测得的电缆故障点与测试端的电气距离和电缆的路径走向,才可大体找出故障点的地理方位,进而实现电缆故障精确定点,但有些电缆是直埋式或埋设在管沟里,图纸资料又不齐全,故不能明确判断电缆路径,这就需要专用仪器探测电缆路径。而当对故障电缆进行检修时,要从多条并列敷设的电缆中找出目标电缆,同样需要专用仪器进行电缆线路的鉴别。

3.1　电缆线路的路径探测

3.1.1　地下电缆磁场分析

目前,探测电缆路径主要是通过检测电缆上方地面磁场变化来实现的,因此掌握地下电缆在地面上产生的磁场及分布规律,便能使电缆路径探测操作达到事半功倍的效果。

1. 相地连接时电缆周围磁场

相地连接是将信号源注入待测电缆的导体与金属护套外皮(简称外皮)之间,经电缆末端的短接环或接地故障点形成回路,如图 3-1 所示。

相地连接时,会产生两个电流回路,即电缆导体与外皮(近端地)回路和电缆导体与大地(远端地)回路,其等效电路如图 3-2 所示。这两个回路形成的磁场相互耦合,导体、外皮与大地中的电流分别是 I、$I-I'$ 及 I'。电流 I' 的大小与所注入信号的频率、电缆的材料及周围介质等因素有关,它是随着频率的增大而减小的。对一般的电力电缆来说,在数千赫兹的频率范围内,电流 I' 在 $10\%I$ 数量级上变化。

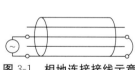

图 3-1　相地连接接线示意

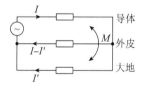

图 3-2　相地连接等效电路

电缆周围的磁场可以看成是流过大地(远端地)的电流 I' 产生的,其磁力线在与电缆垂直的横断面上从电缆的一侧越过电缆进入另一侧,如果电缆是与地面平行敷设的,在电缆的正上方磁力线与地面是平行的,磁场强度在电缆的正上方也达到最大值,如图 3-3 所示。

2. 相间连接时电缆周围磁场

相间连接是将信号源注入待测电缆的两相导体之间,经电缆末端的短接环或短路故障点形成回路,如图 3-4 所示。

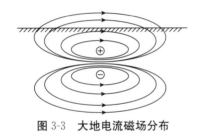

图 3-3　大地电流磁场分布

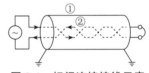

图 3-4　相间连接接线示意

由于电缆的三相导体在现实中是沿电缆扭绞前进的,故而两相导体之间的相对位置是沿电缆不断变化的,从而造成地面上的磁场也是沿电缆不断变化的。

当两个通电导体处在图 3-4 中①的位置时,地面上的磁场分布与图 3-2 所示相地连接时的磁场类似。不过,由于两相导体之间的距离很小,在电流相同的情况下,相间连接时地面上磁场强度很小。当两相导体处在图 3-4 中②的位置时,地面上的磁场分布如图 3-5 所示,两相导体产生的磁场在电缆的正上方叠加,使磁场强度达到最大值,而在稍偏离电缆正上方的位置,两相导体产生的磁场相互抵消,使磁杨强度急剧下降。

3. 暂态脉冲电流的磁场

以上关于电缆磁场的分析是针对正弦稳态电流的,而电缆故障点放电电流是一暂态脉冲电流。在分析暂态脉冲电流产生的磁场时,可以把暂态脉冲电流

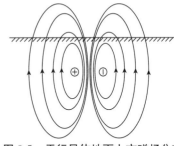

图 3-5　平行导体地面上方磁场分布

看成许多个不同频率的正弦稳态电流的代数和。即可先分别计算每一频率分量产生的磁场,然后把它们合成在一起。实际应用中可近似地认为暂态电流磁场与稳态电流磁场的变化规律是基本一致的。

3.1.2　电缆路径探测仪基本工作原理

电缆路径探测仪由音频信号发射器、通用信号接收机、探测线圈和耳机组成,其基本工作原理是当电缆导体中流过交变电流(音频或工频)时,它的周围便产生交变磁场,当探测线圈接近该交变磁场时,在线圈中将感应出交变电流信号,并通过通用信号接收机放大后输入耳机或微安表,在探测线圈移动时交变电流信号大小会变化,由此判断出电缆线路路径。

3.1.3　电缆路径探测仪的使用方法与注意事项

1. 直连法

直连法是将信号发射器的输出线直接与被测电缆相连接的测量方式,又分为相地连接法和相间连接法,如图 3-6 所示。

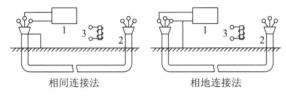

图 3-6　相间连接法、相地连接法接线图

1—音频信号发生器;2—被测电缆;3—探测线圈

与其他方法相比,直连法能够得到最大的发射电流,所以在条件允许的情况下,应尽量采用直连法。一般,长距离电缆线路探测选择较低频率(640Hz 和 1280Hz),低频信号传播距离长,而且不容易感应到其他管线上;而对端悬浮的电缆芯线选用较高频率(33kHz、82kHz 或更高频率),高频信号辐射能力强,但传播距离较短,且易感应到其他管线上。

2. 耦合感应法

耦合感应法的信号发射器输出端与电缆没有电的联系,而是通过耦合的方式把音频信号加在电缆上,其电路模型可以等效为变压器,耦合的方法又可分为直接法和间接法两种。

1)直接耦合法

直接耦合法是将音频信号发生器的输出端直接与绕在被测电缆上的耦合线圈相连接,如图 3-7 所示。直接耦合法的原理是通过闭合线圈向被测电缆发射一音频电流,此时可将电缆等效为一个电感,其产生的感应电流形成电磁场,然后由探测线圈接收,以确定电缆路径。

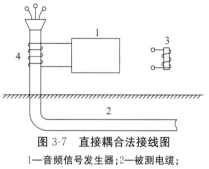

图 3-7　直接耦合法接线图

1—音频信号发生器;2—被测电缆;

3—探测线圈;4—耦合线圈

直接耦合法最大的优点是可以在不停电的情况下探测电缆路径。但其也有一定的缺点,由于电磁波在传播过程中损耗大、衰减快,因而探测距离较短,一般仅为几百米,在无干扰的良好测试环境下,也不超过 1000m。

2)间接耦合法

间接耦合法是信号发生器利用内置的线圈向外产生高频电磁场(一次场),电缆相关回路中耦合出感应电流,感应电流再产生电磁场(二次场),探测线圈接收二次场信号进行探测,如图 3-8 所示。

间接耦合法在使用时,探测线圈必须与信号发生器相隔一定距离,否则探测线圈接收到的被测电缆产生的磁场信号会被信号发生器产生的磁场信号掩盖。

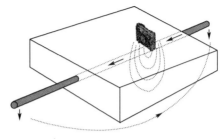

图 3-8　间接耦合法示意图

3.1.4　电缆路径探测仪的探测方法

在进行电缆线路路径探测时,根据探测线圈放置方向不同,探测方法可分为音谷法和音峰法两种。

1.音谷法

音谷法的探测线圈轴线与地面始终保持垂直,当探测线圈(即探棒)位于被测电缆的正上方时,由于音频电流磁力线垂直于线圈轴线,即不穿过线圈,因此线圈中无感应电动势,接收机中亦无音频信号产生。当探测线圈向被测电缆两侧(垂直于电缆走向)移动时,就有音频电流磁力线穿过线圈,线圈中亦会产生感应电动势,随着移动距离 X 的变化,其感应电动势也将发生变化,使其接收信号发生变化。当探测线圈移动到 A 或 A' 点时,线圈中穿过的音频电流磁力线最多,其感应电动势最大,即产生的信号电流最大,此时耳机中音量或指示仪表指针偏转角最大。当探测线圈移动的距离 $|X|$ 继续增大时,音频磁场逐渐减弱。因此,音量

（或指示仪表指针的偏转角）与距离 X 的关系曲线为对称的马鞍形"双峰曲线"，如图 3-9 所示。

由图 3-9 可知，探测线圈位于电缆正上方时，音量为零，形成音谷，而在电缆两侧的音量形成峰值（音峰），如 A、A' 点，该种方法由于电缆位于音谷的下面而称为"音谷法"。

2. 音峰法

音峰法的探测线圈轴线与地面始终保持平行，且与电缆走向垂直，当线圈位于被测电缆正上方时，穿过线圈的磁力线最多，因此耳机中的音量或指示仪表指针的偏转角最大。当探测线圈向被测电缆的两端（垂直于电缆走向）移动时，穿过线圈的音频电流磁力线逐渐减少，耳机中的音量或指示仪表指针的偏转角也就越来越小。音量或指示仪表指针偏转角与移动距离 X 的关系的单峰曲线如图 3-10 所示。

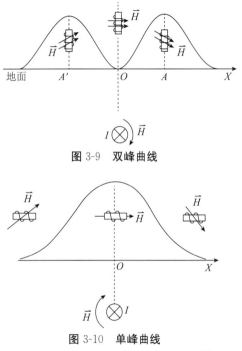

图 3-9　双峰曲线

图 3-10　单峰曲线

由图 3-10 可知,探测线圈位于被测电缆正上方时音量(偏转角)最大,即形成音峰,而在电缆两侧的音量(偏转角)较小,也就是说电缆位于音峰下,因此该方法称为"音峰法"。

3.2 电缆线路的鉴别

当被测电缆是若干根并列运行电缆的其中之一时,可采用工频感应鉴别法、音频信号鉴别法、脉冲信号鉴别法进一步对被测电缆的位置和走向做准确鉴别。

3.2.1 工频感应鉴别法

工频感应鉴别法,顾名思义,探测线圈探测到的电流信号是工频的,采用该方法可以识别出停电电缆。当探测线圈贴在运行电缆外皮上时,其线圈中将会产生交流电信号,接通耳机则可收听到。且沿电缆纵向移动线圈,可听出电缆线芯的节距。若将探测线圈贴在待检修的停运电缆外皮上,由于其导体中没有电流通过,因而听不到声音;而将探测线圈贴在临近运行的电缆外皮上,则能从耳机中听到声音。这种方法操作简单,缺点是只能区分出停电电缆;而当并列电缆条数较多时,由于相邻电缆之间的工频信号相互感应,会使信号强度难以区别。

3.2.2 音频信号鉴别法

音频信号鉴别法的应用有两种形式。一是在电缆始端将音频信号注入电缆的一相导体与金属护套之间,在电缆的另一端将该相导体与金属护套短接。在测试时用探测仪的接收线圈围绕电缆转一圈,当接收线圈靠近通入信号的电缆时,听到的声音会越来越强,而其他电缆没有明显的差别,由此判断出被测电缆。二是将音频信号注入电缆的两相导体中,同样在电缆另一端将两相导体短接。在测试时用探测线圈围绕电缆转动,当转动到两相导体的上下方时,音频信号最强、声音最响;当转动到两相导体的两侧时,音频信号最弱、声音最轻,根据这种变化规律即可判断出被测电缆。

3.2.3 脉冲信号鉴别法

脉冲信号鉴别法所用设备有脉冲信号发生器、感应夹钳及识别接收器等。脉冲信号发生器发射方波脉冲电流至待测电缆,此脉冲电流在待测电缆周围产生脉冲磁场,通过夹在电缆上的感应夹钳拾取,传输到识别接收器。识别接收器可以显示出脉冲电流的幅值和方向,从而确定被测电缆(故障电缆或被切改电缆)。

常规的停电电缆识别仪都是采用这种方法识别目标电缆的,其优点是操作简单直观,可唯一性鉴别电缆,缺点是需要人工根据指针摆动方向分析识别电缆,有时需要一些经验。

第④章 电力电缆故障测寻常用方法

4.1 电缆故障初测方法

4.1.1 脉冲法

脉冲也叫行波,就是以一定速度在线路中传播的电压、电流波。低压脉冲法与二次脉冲法测量的是测距设备向线路中输入的暂态电压行波;而闪测法测量的则是故障点放电产生的电流行波或电压行波。

行波法测距的理论基础是把电缆当作"均匀长线"来讨论电波在电缆中传播的微观过程。在行波测距中,电缆是由沿电缆长度分布的许多电阻、电导、电容和电感元件(等效元件)组成的,这些元件的参数称为电缆传输线路的"分布参数"。沿电缆分布的电阻、电感、电容和电导,在任一点都相等,每一段电缆传输线路(等效长线)的等效电路如图 4-1 所示。

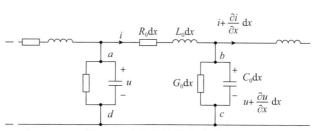

图 4-1　均匀传输线电路模型

图 4-1 中,R_0、L_0、G_0、C_0 分别为每小段(无限小)电缆传输线路的电阻、电感、电导和电容。长线理论中的波速度、特性阻抗、波的反射与透射对电力电缆的故障性质分析及故障波形分析有十分重要的意义。

(1)特性阻抗 Z_c。Z_c 又叫波阻抗,定义为行波电压值与行波电流值之比,即入射波电压值与入射波电流值之比,或反射波电压值与反射波电流值之比。由长线方程求解得到长线的特性阻抗 Z_c 一般表示为

$$Z_c = \sqrt{\frac{Z_0}{Y_0}} = \sqrt{\frac{R_0 + j\omega L_0}{G_0 + j\omega C_0}} \tag{4-1}$$

在微波且无耗情况下,有 $R_0 \ll \omega L_0$,$G_0 \ll \omega C_0$,因而有

$$Z_c = \sqrt{\frac{L_0}{C_0}} \tag{4-2}$$

不同种类规格的电力电缆的特性阻抗 Z_c 是不同的,由于 L_0、C_0 与电缆的导磁系数、介电系数、导电介质材料、电缆线芯和外护套接地端之间的距离、线芯的截面面积都有关系,所以大部分电力电缆的波阻抗值即特性阻抗在 $15\sim55\Omega$ 范围内。

(2)行波的传播速度 v。电缆两端的长度与行波在其间传播的时间之比,称为波速度 v,其计算公式如下

$$v = \frac{1}{\sqrt{L_0 C_0}} = \frac{C}{\mu\varepsilon} \tag{4-3}$$

式中:C 为光速,即 $C=3\times10^8\,\mathrm{m/s}$;$\varepsilon$ 为电缆芯线周边介质与线芯之间的相对介电系数;μ 为线芯周边介质导磁系数的相对值。

上述公式表明,行波在电缆中的传播速度仅取决于材料绝缘介质的性质,因此与介质电缆表现出统一的行波速度。而不同介质则往往对应不同的行波速度,根据测量可知,对于老式的油浸纸绝缘电缆,$v\approx160\,\mathrm{m/\mu s}$;对于交联聚乙烯绝缘电缆,$v=170\sim172\,\mathrm{m/\mu s}$;对于聚氯乙烯绝缘电缆,$v=184\sim186\,\mathrm{m/\mu s}$。

纵然电缆的绝缘介质相同,不同厂家、不同批次的电缆波速度也不完全相同,如果知道电缆全长,就可以推算出电缆的波速度。

(3)行波的反射。若波阻抗存在差异的电缆直接连接时,会导致连接点出现阻抗不匹配的问题。也就是说,当电缆存在低阻、开路等故障时,故障点将出现阻抗不匹配的问题,使得行波在到达故障点时出现反射。电缆中任何一点的阻抗不均匀也会引起不同的反射,因此可通过研究分析行波反射情况对介质的阻抗情况进行判断。具体可通过反射系数对行波反射特征进行描述,引入电压波反射系数 P_u 和电流波反射系数 P_i 表示,设两端线路的波阻抗分别为 Z_c 和 Z_x,则有

$$P_u = \frac{Z_x - Z_c}{Z_x + Z_c} \tag{4-4}$$

$$P_i = \frac{Z_c - Z_x}{Z_x + Z_c} \tag{4-5}$$

①当 $Z_x = Z_c$ 时,$P_u = P_i = 0$,即反射系数为零,这时无反射波产生,这种现象称为匹配。终端匹配时,入射波到达终端后,长线的电压和电流就不再发生变化,也不发生反射,而是被 Z_x 全部吸收。这样,长线终端得到和始端相同的电压和电流,只是在时间上略有延迟。

②当 $Z_x \to \infty$ 时,$P_u = 1$,$P_i = -1$,此时电缆处于开路状态,电压将实现全反射。对于电压波来说,入射波与反射波极性相同。对于电流波来说,入射电流与反射电流表现出大小相同、方向相反的特征。

③当 $Z_x = 0$ 时,$P_u = -1$,$P_i = 1$,这种状态为金属性接地状态,接地点的反射电压及入射

电压呈现出大小相同、方向相反的特征,导致相互抵消电压为零。

1. 低压脉冲法

低压脉冲法主要用于测量电缆断线、短路和低阻接地故障的距离,同时还可用于测量电缆的长度、波速度和识别定位电缆的中间头、T形接头与终端头等。在故障测试过程中,将低压脉冲信号由测试端输入电缆内,该信号将以电缆绝缘为介质进行传播,当电缆存在波阻抗不一致的情况时,脉冲信号出现反射现象并被测试端接收,根据反射波的具体情况可计算确定故障点(即阻抗不一致点)与测试端之间的距离,原理波形图如图 4-2 所示。

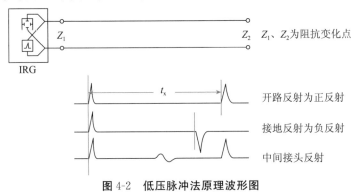

图 4-2　低压脉冲法原理波形图

若脉冲信号发射与反射接收的时差用 t_x 表示,用 v 表示脉冲信号在电缆内的传播速度,则可通过下式(4-6)计算确定发射点与故障点之间的距离:

$$L = \frac{1}{2}v \cdot t_x \qquad\qquad (4\text{-}6)$$

电缆故障的性质可根据反射脉冲波所表现出来的极性特征进行判断,反射脉冲极性和电压反射系数 P_u 相关,故障点阻抗等效电路如图 4-3 所示。

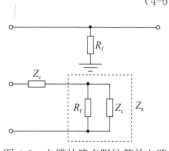

图 4-3　电缆故障点阻抗等效电路

对于断线故障而言,断线故障 Z_x 为无穷大,电压反射系数 $P_u > 0$,发射脉冲与反射脉冲极性相同;低阻接地故障 $Z_x < Z_c$,电压反射系数 $P_u < 0$,发射脉冲与反射脉冲极性相反。

当电缆发生近距离断线故障时,或仪器选择的测量范围为几倍断线故障距离时,仪器就会显示多次反射波形,每个反射脉冲波形的极性都和发射脉冲相同,如图 4-4 所示。

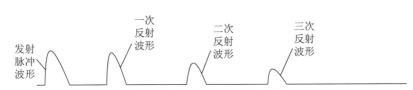

图 4-4　断线波形的多次反射

当电缆发生近距离低阻故障时,或者仪器选择的测量范围为几倍低阻故障距离时,仪器就会显示多次反射波形。其中,第一、三等奇数次反射脉冲在极性方面表现出与发射脉冲相反的特点,偶数次则极性保持一致,如图 4-5 所示。

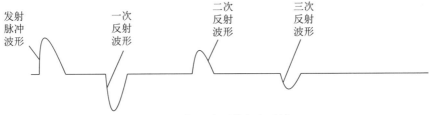

图 4-5　低阻波形的多次反射

对于低压脉冲法而言,在具体应用过程中,故障点电阻会显著影响反射波的幅值。若故障点的实际电阻超过电缆特性阻抗值的 10 倍以上且反射系数幅值未达到 5%,那么就会导致反射波在识别方面存在较大困难,从而影响低压脉冲法的实践效果。

　　故障点与测量端之间的距离、阻值情况、接头情况等都是对波形影响显著的因素,在复杂的环境下会使波形结构相对复杂,这就会影响测定结果的准确性与可靠性。在实际测量中,经常使用低压脉冲比较法来寻找故障点。如图 4-6 所示,当以低压脉冲比较法对故障点进行测定时,可通过对比分析故障相、正常相的波形差异确定故障点位置,可以通过克服接头情况等因素的干扰提高测定结果的准确性。对于高阻或闪络性故障,通常可用低压脉冲法先校验电缆的全长,然后再用其他方法进行初测。

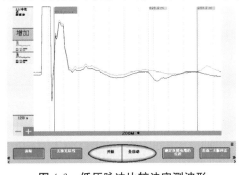

图 4-6　低压脉冲比较法实测波形

2. 二次脉冲法

　　二次脉冲法的测试原理如图 4-7 所示,通过高压发生器给存在高阻或闪络性故障的电缆施加高压脉冲,使故障点出现弧光放电。弧光放电期间,故障点电阻降低,因此会在放电时出现高阻、闪络性故障电缆的阻值瞬时下降,此时输入低压脉冲信号并接收和确定其反射波形;当电弧熄灭时再输入一个低压脉冲信号,此时就可通过对比分析上述两个波形的差异来确定故障点的具体位置,从而明确故障点与测试点之间的距离,实测波形如图 4-8 所示。

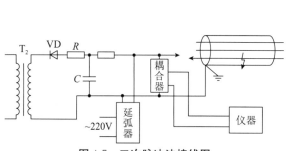

图 4-7　二次脉冲法接线图

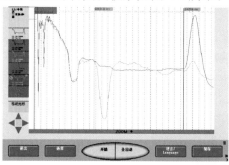

图 4-8　二次脉冲法实测波形

　　二次脉冲法一般适用于高阻和闪络性故障的测距。二次脉冲法燃弧时间短、燃弧不易稳定,因此在实际工作中往往需要反复、多次测定结果,并进行比对和优化,从而确定最佳波形结果作为计算分析基础。若故障点与电缆始点之间的距离相对较短(近端故障),则会导致结果的精确性下降,表现出更加显著的误差问题。

3. 脉冲电流法

　　脉冲电流法通过高压击穿的方式对故障点放电形成的电流行波信号进行采集和记录,在此基础上分析和判断电流行波信号在测试点与击穿点(故障点)之间往返传播所需时间,进而计算相应距离。该方法借助互感器实现了脉冲电流的耦合处理,因此能够在相对安全的环境下获得波形结果,并对故障点进行初测,具体有直闪法和冲闪法。

　　直闪法一般用于测量闪络性故障,其原理如图 4-9 所示,其中 T_1 与 T_2 分别代表调压器与高压试验变压器,其容量为 $0.5 \sim 1.0 \text{kV} \cdot \text{A}$,且输出电压为 $30 \sim 60 \text{kV}$;C 代表储能电容器。当输入电压增加至一定水平时,电缆故障点将出现闪络性放电现象,放电形成的电流将以电流脉冲的形式在电缆中传播,并被故障点进行反射后由仪器进行采集接收,直至放电结束。直闪法波形简单,但某些闪络性故障会在若干次放电动作后出现故障电阻下降的问题,从而影响后续放电波形的稳定性,进而导致直闪法失效。若电阻下降变为高阻故障,则一般采用冲闪法进行测试。

　　冲闪法是通过一个球隙将高压加到故障电缆上,其原理如图 4-10 所示。该方法与直闪法基本相同,区别在于 G 这个特殊球形间隙的存在。该方法能够充分满足大多数闪络性故障、低阻或高阻故障的测定需求,也是目前相对比较常用的一种初测方法。通过调节调压器对电容 C 充电,当电容 C 上电压到达临界击穿电压时,球形间隙 G 被击穿,电容 C 对电缆放电,这一过程相当于把直流电源电压突然加到电缆上。

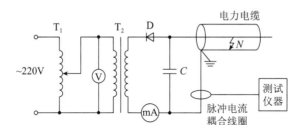

图 4-9　脉冲电流法的测量接线(直闪法)

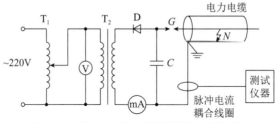

图 4-10　脉冲电流法的测量接线(冲闪法)

1)故障点未击穿波形

若对电缆加的脉冲电压不够高,则将无法保证故障点的击穿效果,得到如图 4-11 所示的结果。在这种情况下,球形间隙放电形成的电流行波就不会在故障点发生反射,到达对端后,由于全长属于末端开路,电源反射系数 P_i 为 -1,在测量端 P_i 为 $+1$,所以其为一极性交替反转的波形,这种波形两两之间的距离为电缆的全长。

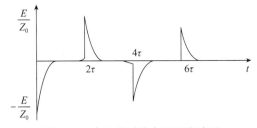

图 4-11　未击穿时的电流理论波形

2)故障点直接击穿波形

若球形间隙生成的高压信号在幅值上超过了故障点的击穿电压临界值,则在击穿过程持续一定时间之后,故障点将发生电离的情形,从而击穿放电,即产生高压脉冲直接击穿的情况。

当高压设备所形成的高压脉冲经球形间隙施加在故障点,并表现出高于击穿电压的电压特征时,则故障点将因电离而出现击穿放电的情形,该击穿放电情形所产生的脉冲电流波表现出如图 4-12 所示的特征。图 4-12(a)为电流行波网格图,对故障电缆施加高压 $-E$ 将球形间隙击穿后,高电压波$-E$沿电缆向前运动,相应的电流波$i_0=-\dfrac{E_0}{Z_0}$沿电缆向前运动,经时间τ后,高电压波到达故障点,故障点开始电离,再经放电延时t_d后,直接击穿放电,则电压从$-E$突跳到0,产生电流波i_0向测量点流动。

由图可知,反射脉冲与放电脉冲在极性上表现出相同的特征。测量点所测定的电流结果表现出全部电流波的和值结果,对应的电流波形如图4-12(b)所示。而所对应的线性耦合器的实际输出情况则如图4-12(c)所示。这一结果表明,首个脉冲来自球形间隙击穿时电容出现的放电结果;而第二个脉冲则来自故障点放电脉冲信号被测量点所接收。两个脉冲之间的时差用$2\tau+t_d$表示,后续脉冲则来自电流行波往返于测量点和故障点之间。而第二、三个负脉冲所对应时间差(用$\Delta t=2\tau$表示)就是电流脉冲信号在测量点和故障点之间往返一次的时间,该时间将作为测距的依据。

当故障点出现放电击穿情况时,其所形成的电流波的特征如图4-13所示。对于该波形图而言,脉冲电流在a、b两点的传播时间用$2\tau+t_d$表示,而b、c两点之间的距离即为故障点与测量点之间的距离,脉冲信号的传播时间为2τ。前者的计算结果要高于后者,即实测结果与理论结果保持一致。在具体应用中,需要重点关注d点所对应的突起现象,导致该现象的原因在于高压设备与导引线之间形成了杂散电感,属于干扰因素,需要进行处理。

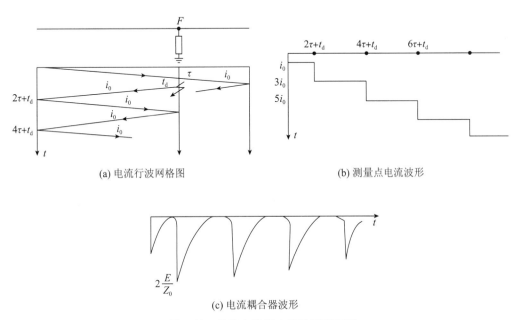

(a) 电流行波网格图

(b) 测量点电流波形

(c) 电流耦合器波形

图 4-12   故障点直接击穿时原理波形

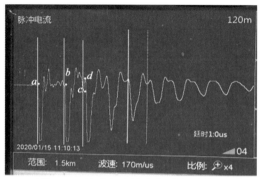

图 4-13　故障点直接击穿时实测波形

4.1.2　电桥法

电桥法原理的基本特征如图 4-14 所示。由图可知,该方法在具体应用时需要将测定设备两桥臂接在故障与完好相端,另一端故障与完好相端进行短接处理,然后通过安装在电桥臂上的可调电阻进行调节,以实现电桥的平衡状态。根据同种规格电

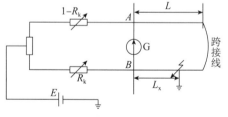

图 4-14　电桥法原理接线图

缆导体的直流电阻与长度成正比得：

$$\frac{1 - R_{k}}{R_{k}} = \frac{2L - L_{x}}{L_{x}} \tag{4-7}$$

简化后得：

$$L_{x} = R_{k} \times 2L \tag{4-8}$$

式中：L_x 为测量端至故障点的距离(m)；L 为电缆全长(m)；R_k 为电桥读数。

　　该方法的优势在于相对简单的测量过程和相对良好的测量精度。对于单芯高压电缆的护层故障来说，可以采用电桥法。但是对于电缆线路的高阻和闪络性故障，由于电桥电流很小而不易探测，故一般不采用电桥法。电桥法查找故障的限制条件主要有以下几项。

　　(1)电缆为低阻接地或两相短路故障，电桥法仅能满足低阻故障位置测定的需求，其电阻通常保持在 $100k\Omega$ 以下的水平，通常不得高于 $500k\Omega$。

　　(2)故障电缆至少要有一相线芯绝缘良好。

　　(3)电缆不能有断线故障。

　　(4)电缆要有准确的长度。

4.2 电缆故障精确定点方法

4.2.1 声测法

声测法的原理是利用高压设备向电缆输入高压脉冲,使故障点出现击穿放电现象,该击穿放电所产生的机械振动会通过介质向地面传播,此时通过声电传感器对这一振动信号进行采集即可定位故障点的具体位置。该方法通常在除非接地电阻特别低的接地故障外都能使用,但由于外界环境一般很嘈杂,干扰比较大,有时很难分辨出真正的故障点放电的声音,不同故障类型接线如图 4-15 所示,图中 T_1 为调压器,T_2 为试验变压器,U 为硅整流器,F 为球形间隙,C 为电容器。

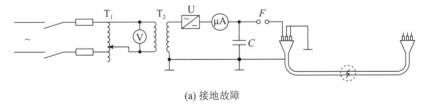

(a) 接地故障

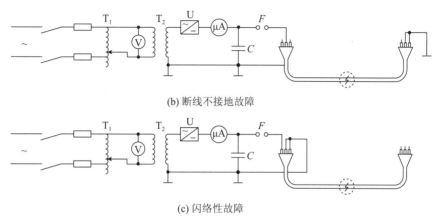

(b) 断线不接地故障

(c) 闪络性故障

图 4-15　声测试验接线图

4.2.2　声磁同步法

复杂的现场环境会产生不同程度的干扰信号，从而影响测定结果的准确性。而只依靠声测法或磁测法都无法对放电信号、干扰信号进行准确区分。由于施加高电压脉冲信号使故障点击穿放电，故障点会同时产生声音信号与脉冲磁场信号。磁场信号的传播速度比声音信号快，它们到达地面相同位置所需的时间不同，而这种传播时差最小的点即为故障点。这就是声磁同步法的具体原理。该方法的优势在于能够有效克服环境干扰对定点结果的不利影响,能够有效保证定点结果的精准水平。声磁同步法接线同声测法,原理如图 4-16 所示。

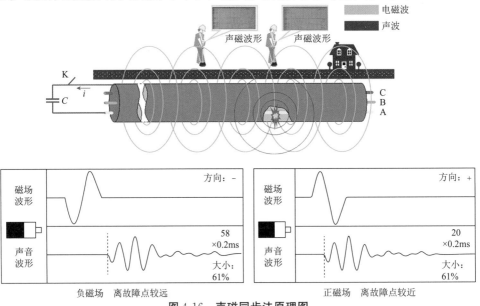

图 4-16　声磁同步法原理图

4.2.3　音频感应法

在相对较低的接地电阻条件下,音频感应法能够实现相对准确的故障点测定。当电缆故障点接地电阻较小时,尤其是金属性接地,故障点没有放电声音,声测法定点则不适用,故需要采用音频感应法进行特殊测量。音频感应法一般用于探测故障电阻小于 10Ω 的低阻故障,该方法在电缆发生金属性短路的两者之间加入一个音频电流信号,用音频信号接收器接收这个音频电流产生的音频磁场信号,并将该信号用声音或波形的方式表现出来,以使人的耳朵或眼睛能识别这个信号,而故障点正上方则是信号突然增强的位置,此后信号将逐渐减弱甚至消失,便找到故障点位置。其原理如图 4-17 所示。

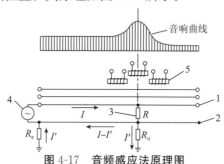

图 4-17　音频感应法原理图

1—电缆线芯;2—护层(铠装);3—故障点;4—音频信号发生器;5—探头

4.2.4 跨步电压法

通过向故障相和大地之间加入一个直流高压脉冲信号,在故障点附近用电压表检测放电时两点间跨步电压大小和方向的变化。如图 4-18 所示,将直流电源"+"极接到交叉互联内同轴电缆的导体上,"—"极接地,对电缆金属护套施加直流电压,加压范围一般在 0～4kV。用测试棒先在同轴电缆始端测试跨步电压的极性,然后用检流计沿着电缆线路路径测试地面上任意两点的跨步电压,并沿着检流计的指针偏移的方向进行测寻。当在某一点的前后,检流计的指针偏转方向相反,而且这个点正上方的跨步电压为零时,这个点就是护层故障点。

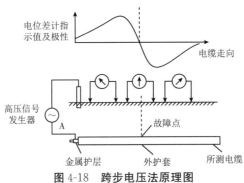

图 4-18 跨步电压法原理图

第5章 电力电缆故障在线定位技术

电缆故障离线测距及定位技术已基本成熟,但是随着电缆精益运检要求的不断提高,对电缆故障诊断时间提出更为苛刻的要求,鉴于各类在线监测设备精度的不断提高,使得故障在线定位技术开始现场应用,故障在线定位技术主要解决两个问题,一是故障瞬间准确判断出故障区间,二是故障瞬间快速计算故障距离。

5.1 电缆故障在线定位基本原理

5.1.1 根据故障电流方向特性进行故障区段准确判断

准确判断故障区段基于故障电流方向特性,具体特性如下:

对于电缆和架空混合线路,当故障发生在电缆段或架空段时,电缆两端的故障电流特性不同,如图 5-1 所示,若故障位置发生在电缆段,则流过 1♯ 和 2♯ 检测点的故障电流为反向,若故障位置发生在架空段,则流过 1♯ 和 2♯ 检测点的故障电流为同向。基于此原理,通过在电缆两端加装在线故障电流采集装置,即可通过对比两端故障电流的方向准确判断出故障区段,大大提高运维人员的排查速度。

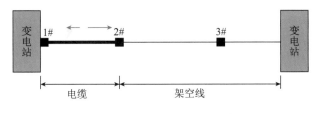

图 5-1　架空-电缆混合线路示意图

为验证上述原理的现场应用效果,搭建如图 5-2 所示的电气结构图。

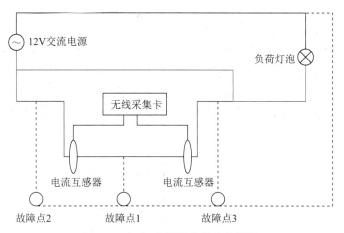

图 5-2 架空-电缆混合线路模拟图

上图可模拟架空－电缆－架空的混合线路,该系统通过 12V 电源给一个灯泡供电,为模拟出双电源供电的效果,在架空－电缆－架空混合线路处又并联一条供电线路。分别设置三个故障点,即中间电缆故障,左侧架空故障和右侧架空故障。通过示波器采集故障电流,观察两侧故障电流的方向,如图 5-3 所示。

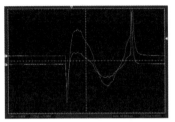 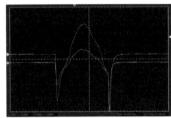

(a)左侧架空故障　(b)右侧架空故障

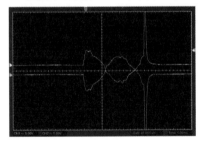

(c)中间电缆故障

图 5-3　电缆两端故障电流示意图

5.1.2　根据双端故障定位原理进行故障行波精确定位

快速计算故障距离基于行波原理,具体原理如下。

故障精确定位运用双端行波测距,即利用故障产生的第一个行波波头信号,通过计算故障行波波头到达线路两端的时间差来计算故障位置,如图 5-4 所示,计算公式如下。

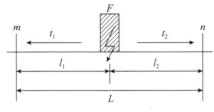

图 5-4　行波定位原理

$$l_1 = \frac{L - (t_2 - t_1)v}{2}$$

$$l_2 = \frac{L - (t_1 - t_2)v}{2}$$

式中,l_1、l_2 分别为故障点到两端的距离;t_1、t_2 分别为行波到最近两个终端的时间;L 为线路全长。双端行波测距由于是利用第一个行波波头,不存在区分故障点反射波和对端母线反射波的问题,原理上简单可靠,测距精度基本不受线路的故障位置、故障类型、线路长度、接地电阻等因素的影响。

5.1.3 波速在线测量

行波故障测距系统中的行波波速测量的准确性会在一定程度上影响行波测距的准确度,在对影响行波波速测量准确性的因素、行波波速对测距准确度的影响及现有行波波速测量方法进行分析的基础上,提出线路区外故障时利用双端行波测距系统本身测量行波波速,实现了行波波速的在线测量和调整。理论分析和实测数据均表明,该方法实现简单,对提高行波故障测距准确度有很好的效果。

5.2 电缆故障在线检测设备系统介绍

5.2.1 系统架构

系统构成如图 5-5 所示,系统按照分层分布式体系设计,由监测装置、中心站和工作站三部分组成,同时中心站还提供了 WEB 服务查询功能。监测装置、中心站和工作站之间通过网络连接。

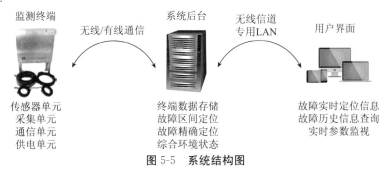

图 5-5　系统结构图

　　系统的核心部件——监测装置安装于电缆终端附近,其传感器安装于电缆本体及护层外,监测电缆隐患放电及故障放电行波电流、故障工频电流,同时采集这些信号并上传到中心站。中心站通过 APN 无线通信与监测装置通信,接收上传的监测信息,并下传相关控制信息,中心站对上传的波形信息进行诊断,将波形信息和诊断结果存库保存。工作站分布于各管理办公室,是系统人机交互的窗口,工作站主要完成监测系统的建立设置、监测信息的查询、诊断结果的查询和对分析报表以及监测装置的控制设置。

5.2.2 监测装置设计

电缆故障快速精确定位与预警装置,能够在电缆线路电磁干扰环境下稳定工作,具备自取电功能,支持市电等供电方式,可实现对线路工频电流、行波电流的实时、准确测量,其结构如图 5-6 所示。

图 5-6　电缆故障快速精确定位与预警装置结构图

其主要构件如下。

(1)传感器测量单元:包括负荷电流、行波电流信号检测等。

(2)数据采集单元:对传感器检测的各种信号进行采集、分析和诊断。

(3)无线通信单元:上传采集信号处理结果,接收下传参数及控制命令。

(4)电源单元:自闭贯通线路智能故障监测装置的电源保障系统。

(5)GPS 对时单元:基于 GPS 对时。